彩图版
果树整形修剪
七日通丛书

彩图版 柑橘

整形修剪

7

七日通

欧毅 周蕊 王茜 ◎ 主编

U0256259

中国农业出版社

北　京

主　　编　欧　毅　周　蕊　王　茜

参编人员　虞　豹　阎应红　王克晓

　　　　　黄　祥　蒋　雄

目 录

视频目录

柑橘属于多年生常绿果树，萌发力和成枝力均较强。整形修剪是培育良好树体结构、减少病虫危害、提高产量品质、延长高产寿命的重要技术措施。整形通过修剪和农艺措施来营造丰产优质的树体结构，修剪通过合理的剪枝来调节生长结果，实现丰产优质。整形与修剪相互依存，整形通过修剪来实现，修剪根据整形的要求进行。整形修剪的意义如下：

一、提高果实产量

整形修剪可以使树冠骨架牢固、层次分明、树势增强、结果能力提高，达到丰产、稳产、结果年限延长的目的，与其他管护措施相结合，可有效提高产量。

修剪前 ➡ 修剪后

修剪前 ➡ 修剪后

未修剪前的树枝生长凌乱，分布不均，树冠郁闭
修剪后树体结构清晰，树枝分布均衡

二、提升果品质量

根据树枝生长的实际情况进行修剪，能有效改善柑橘树冠光照，调节果实发育的营养供给，保障果实品质提升。

树体密不透风，内膛枝枯死，果实品质下降

修剪后通风透光性变好，果实品质提升

三、增强抗逆性，减少病虫害

合理的整形修剪，可以优化树体骨架结构和枝组的比例，保证树体健壮、枝梢充实，提高树体抗逆性，减少病虫危害。

四、降低生产成本，提高效益

合理的整形修剪，使柑橘园树体外形基本保持一致，树体抗性显著增强，减少化肥、农药施用量和农事管护人工费用，提高产量和产值，降低成本。

树冠过高

树冠落地

树冠高度适中，便于管理

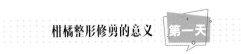

结果枝外移，树冠内部空膛

合理修剪后树冠丰满，绿叶层厚

五、更新复壮，延长丰产期

通过整形修剪，可及时更新衰退的枝、枝组乃至大枝、主枝等。

衰退枝更新对比图

整形修剪基础知识

柑橘是芸香科橘、柑、橙、金柑、柚、枳等的总称。

柑橘植株通常由地上、地下两部分构成。地下部为根系，地上部有干、枝、叶、花和果实。下面简单介绍它们的生长结果习性及整形修剪原则。

一、柑橘生长习性

（一）树体结构

柑橘（除枳外）为常绿小乔木或乔木。自由生长的稀植果园成年树可高达 10 余米。柑橘树体部分包括枝干和树冠，枝干包括主干和主枝、副主枝，是整个树体的支柱，是营养物质和水分交流的通路。

柑橘树体结构

7

（二）根系

柑橘根系的主要功能一是将树体固定在土壤中，依靠菌根吸收水分和养分；二是分泌有机酸，使土壤中难溶于水的物质变成易溶于水的物质，便于根系吸收；三是合成生长激素；四是储存营养物质。根系最适宜的生长环境是温度 25 ～ 26℃，湿度为 60% ～ 80%，pH 5.5 ～ 6.5，土壤空气含氧量 8% 以上。根系在土温 12 ～ 13℃ 开始生长，高于 37℃ 时生长停止。

1. **根系的结构**　柑橘根系由主根、侧根和须根组成。柑橘幼苗定植后，首先往下生长垂直根，然后横向伸展水平根。

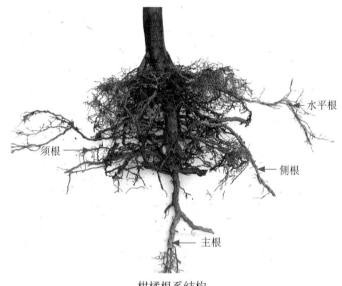

柑橘根系结构

2. **根系的分布**　柑橘的根系主要分布在距地表 10 ～ 60 厘米的土壤中，占总根量的 80% 以上，尤其树冠投影区内附近的土壤中分布最为密集，管理水平较高的丰产园内，根系可达更深更广的范围。

3. **根系与树体生长的相关性**　柑橘树的根系与地上部之间有

着密切的关系。如果根系强大，地上部则生长强旺。在果树生理学中，常用根冠比（冠／根）来表示地上部与地下部的相互关系。根冠比一般指根系与地上部的鲜重之比，有时也用面积之比代替。

柑橘幼树，其树冠的生长小于根系的生长时，即根冠比值小时，根系供应地上部的养分、水分和内源激素都很充足，地上部枝梢生长就会很旺盛，枝梢不开花或开花很少，这时称离心生长时期。

当根系基本形成后，树体的生长发育逐渐减缓，进而达到根系与地上部的动态平衡，地上部便进入开花结果阶段。这种平衡一旦被破坏，树冠生长就会转旺或逐渐衰退。当根系生长受阻，地上部生长超过根系时地上部得到的水分、养分和内源激素就不足，枝梢生长便逐渐变弱，过量开花，导致树势衰弱，这时称向心生长时期。

不同生长水平的根系分布对比

在整形修剪中，可以采用摘心、疏删、回缩或短截骨干根等方式来调节根冠比，使之达到相对平衡，以尽量延长经济结果寿命。

主根深，地上部分直立挺拔　　　　水平根系发达，冠幅宽大

（三）芽及特性

1. 芽的复合性　柑橘叶腋的芽苞内包含着几个生长点，每个生长点实际上都是一个芽，都具有萌发生长形成枝梢的能力。因此，每个叶腋的芽苞都称为一个复芽。一般情况下，其中的一个芽萌发成枝时，该芽苞内的其他芽的萌动就会受到抑制，萌芽发出的这个芽称为主芽，实际上它是最先分化形成的芽生长点，而其他未萌发的芽生长点称为副芽。主芽

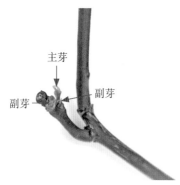

柑橘枝的主芽和副芽

萌出后如果受到损伤（如被风折断，人工抹除等），便会刺激同芽眼内的其他一个或多个副芽萌发。利用这一特性，可在萌芽期人工抹除先萌发出的数量较少的嫩芽或嫩梢，促发更多的新梢，这就是抹芽放梢的生物学基础。

2. **芽的潜伏性** 柑橘芽不一定全部都能萌发抽梢，凡未萌发的芽即转为隐芽，在树皮下潜伏下来，因此又称为隐芽或潜伏芽。柑橘隐芽的寿命很长，可在树皮下潜伏几十年不萌发。只要芽位未受到损伤，隐芽可以始终保持萌发能力，而且一直保持着该芽形成时的年龄时期和生长势。如果将隐芽上部的枝段剪除或上部皮层受伤，可刺激隐芽萌

萌芽

柑橘枝萌芽

发，并可抽发具有较强生长势的新梢，利用此特性，可对衰老树或枝组进行更新复壮修剪。

3. **芽的早熟性** 柑橘芽在新梢自剪、叶片转绿后的较短时间内就可发育成熟。这时实际上也就具有了萌发能力，只要水分和养分供应充足，气候适宜，新芽就会萌发抽梢。由于这一特性，柑橘树一年四季均可抽梢；采取摘心处理后可使芽提早成熟，提早萌发。因此，柑橘树可以较快地培养形成丰满的树冠，可以提早获得丰产。

4. **顶芽自剪性** 柑橘新梢停止生长后，其先端的一段枝段会自行枯死而脱落，这种现象叫顶芽自剪。自剪后梢端的第一个侧芽处于顶芽的位置，具有了顶芽的一些特征，如最易萌发、抽梢最长、分枝夹角最小等，因此称之为伪顶芽。由于伪顶芽萌生，可使枝条继续延伸，但新梢与母枝原来的顶芽延伸之间始终存在一定的分枝角度，最后导致柑橘树的枝干都是弯曲状态朝着一定方向延伸，这一现象称作"假轴分枝"，有利于降低分枝高度，培育矮化、丰满的树形。由于假轴分枝习性，柑橘树只能培育形成变则主干形，因其中央干和各主枝都是由伪顶芽弯曲延伸形成的，中央干也只能被称之为"类中央干"。

自剪前　　　　　自剪后

顶芽自剪后，顶端芽萌发抽枝

5.叶芽与花芽　柑橘芽分为叶芽和花芽。萌发后，只抽生枝叶而没有花的芽称为叶芽，能开花的芽称为花芽。柑橘（除枳）花芽是纯花芽外，其他均为混合花芽，萌发后先抽枝叶后开花。

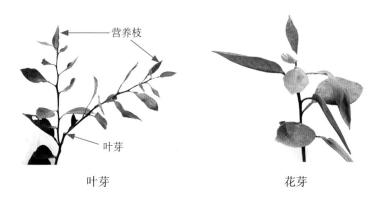

营养枝

叶芽

叶芽　　　　　　　　　花芽

（四）枝梢及特性

柑橘枝梢是构成树冠的基础，也是开花结果的基础。

1.枝梢分类

（1）按抽发季节划分

①春梢。2～4月抽生的新梢，称为春梢。春梢抽生时期，因

12

气温较低，生长时间长，春梢生长量小、叶形较小，节间短，较充实。春梢发生数量多，抽生整齐，易形成花芽，生产上应注重培养健壮的春梢作为结果母枝。健壮的春梢也是抽生夏、秋梢的基枝。

春梢　　　　夏梢

春梢和夏梢的对比

②夏梢。5～7月抽生的新梢，称为夏梢。夏梢一般从落花落果枝或者成熟的春梢上萌发。结果树夏梢的抽生量随挂果量而定，挂果多的植株几乎不萌发夏梢。由于夏梢抽生时期正值高温多雨季节，生长快，所以梢较长，叶片大而薄。壮旺的植株，能抽生两次夏梢，即早夏梢和晚夏梢。夏梢抽生数量多，会与幼果争夺养分，并引起落果，应针对具体情况加以利用和控制。

③秋梢。7～8月抽生的新梢，称为秋梢，主要在当年生春梢及夏梢上发生，形态介于春、夏梢之间。早秋梢组织充实，可成为良好的结果母枝；9月以后仍有少量晚秋梢发生，亚热带地区温度低，没有利用价值。热带地区因冬季较暖，可作为幼树扩大树冠用。

④冬梢。9月以后抽生的梢，称为冬梢。因抽生期气温低，枝梢短小细弱，易发生冻害，无生产利用价值。只有南亚热带地区才会抽生冬梢。

秋梢　　　　冬梢

秋梢和冬梢的对比

（2）按抽发次数划分

①一次梢。指在春季、夏季或往年的枝梢上只抽发一次新梢，且当年内不会在新梢上继续抽梢。

②二次梢。指在当年的一次梢上再抽生一次新梢。柑橘上常见的二次梢有：春梢/夏梢，春梢/秋梢，夏梢/秋梢3种。幼年

树和初结果树,由于生长势旺,常在春梢上抽生较多的强夏梢。人为采取措施(如摘心、扭梢、拿枝)也可促发二次梢的形成。

一次春梢　　　　一次夏梢　　　　一次秋梢

一次春梢、一次夏梢和一次秋梢对比

春梢上抽生秋梢　春梢上抽生夏梢　　夏梢上抽生秋梢

春梢上抽生秋梢、春梢上抽生夏梢、夏梢上抽生秋梢对比

③三次梢。在当年的二次梢上再抽生一次新梢。

三次梢的形成一般有两种情况，一种是一年中连续抽生春、夏、秋三次梢；另一种是采取控夏梢后，在春梢上连续抽发两次秋梢。后一种往往因最后一次抽梢迟，发育不充分，不易形成花芽，生产上没有应用价值。

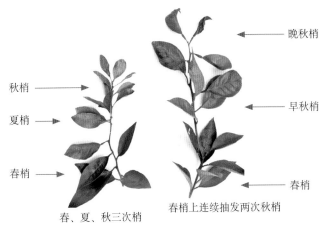

三次梢

（3）依性质分为营养枝和结果枝

①营养枝。当年不开花结果的枝。营养枝又分为普通营养枝、徒长枝和纤弱枝3种。

普通营养枝：较粗壮，长度大多在10～30厘米，组织充实，叶片色泽浓绿，这种枝的数量是树势健壮的标志，此种枝第二年很可能转化为良好的结果母枝。

徒长枝：枝梢生长特别旺盛，长度在30厘米以上，有的可达1米以上，节间长，组织不充实，一般多发生在夏季。徒长枝一般

普通营养枝

会扰乱树形，影响树势，多数从基部疏去；如生长部位适合，可利用它来整形培养枝组或更新复壮用。

纤弱枝：枝梢生长细弱而短，多在衰弱树或荫蔽处发生，修剪时应适当疏除。

②结果枝。

花枝与成花母枝：当年抽生的新梢中，有花的称花枝，而抽生花枝的枝条称成花母枝。

徒长枝　　　　　纤弱枝

徒长枝和纤弱枝对比图

花枝与成花母枝

根据花枝上有无叶片、花的数量、着生状态分为有叶单花枝、无叶单花枝、有叶花序枝、无叶花序枝4种。

无叶单花枝

无叶花序枝

有叶单花枝

落花落果枝：开花坐果到果实成熟的过程中，花柱上的花、果脱落的称落花落果枝。落花落果枝一般瘦小衰落，这类枝的营养水平低，多数发育不良，不易着果。对落花落果枝群应尽量疏删，比较粗大的落果枝可以短截，将其作为更新母枝。

有叶花序枝　　　　　　　　落花落果枝

结果母枝：着生结果枝的枝条叫结果母枝。一般柑橘的结果枝大多是先年枝上抽生出来的，也有的发生在多年生枝上。花枝和结果枝都是春梢，但一年多次开花的金柑、四季橘、柠檬等当年抽发的新梢也能成为结果母枝。

成花母枝　　　　　结果母枝

先年抽生的营养枝　　　转化为结果母枝
其他枝条到结果母枝的转变

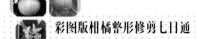

（4）依枝龄可分为一年生枝和多年生枝

①一年生枝。当年春、夏、秋、冬各季抽发的梢（包括二、三次梢）称为一年生枝。

②多年生枝。指往年抽发的枝。

总之，各种枝梢在其生长发育过程中各自表现的形态特征和作用不同。认识这些枝梢发生的多少、强弱及其不同的作用对柑橘树整形修剪有极其

一年生枝

多年生枝

多年生枝与一年生枝

重要的作用。

2．**枝组分类** 枝组指基枝和基枝上着生的各类枝的统称。依其生长势可分为强旺枝组、中等枝组和衰弱枝组。

（1）**强旺枝组** 垂直或斜生状，枝组内新梢多，各类营养枝中长枝较多，中短枝少。枝组随着分枝数量的增加，生长势逐步得到缓和，开始有少数弱枝开花，逐渐大量开花结果，进入盛果期后逐渐衰退，树体营养条件好可抽生强枝得到更新。

强旺枝组

（2）中等枝组 这种枝组多以斜生为主，生长势中庸、健壮，枝条长短适中，营养枝、成花母枝比例较协调，易于连续结果。枝组内部也能交替结果，轮换更新。在修剪时，应注意培养中等枝组。

（3）衰弱枝组 长势衰弱，枝短而细，开花多，着果少。这类枝组生长量小，多着生在树冠内膛、下部。因光照不足，加上外围强旺枝组的影响逐渐衰弱。常见的扫帚枝组、披垂枝组多属于这种类型。扫帚枝

中等枝组

组在修剪时要疏删解散，短截回缩，及时更新。披垂枝组生长势弱，随枝叶重量增加或结果而下垂，在其弯曲转折处的隐芽因顶端优势得以发挥可以萌发骑马枝，在此处短截可迅速形成强壮枝组。

在同龄枝组中，开花、抽梢和坐果能力强弱是：强壮枝组＞中等枝组＞衰弱枝组。但是随着花量的减少，尤其是小年时，衰

披垂枝组

扫帚枝组

扫帚枝组和披垂枝组

弱枝组的开花、坐果的比重便有明显地提高。总之，不同树龄、树势的不同类型枝组，其结果能力不一。在修剪时，要掌握各类枝组的特点进行合理修剪。

演变而成的衰弱枝组

3. **顶端优势** 顶端优势是指顶部分生组织对下部的腋芽或顶

顶端优势

部枝条对侧枝生长的抑制现象，表现为上部的枝芽生长强度最大，直立性强，而其下枝、芽的生长强度依次减弱，枝条开张角度逐渐增大，基部的芽呈潜伏状态。通过适当的摘心或短截修剪来解除顶芽对侧芽的抑制，促使侧芽萌发分枝和控制生长与结果。

4.分枝角度与新梢生长的关系 新抽生的分枝与基枝中心线的夹角称分枝角。主枝的分枝角愈小,主枝生长直立,生长势旺,负载重时易撕裂;分枝角大,主枝生长不良,随着分枝角增大,生长势减弱。姿态呈水平或下垂者,枝的生长受到抑制,负荷力也不强,必须有适宜的分枝角度。整形中可利用改变分枝角平衡各主枝长势。

分枝角增大,生长势减弱

5.母枝与新梢生长的关系 在相同条件下母枝粗的,养分充足,抽生新梢数量多,生长势强;母枝细的,抽生新梢数量少,生长势弱。在母枝粗细相当,短截部位不一,其抽生的枝条生长势也不一。

母枝留得太长,每个芽所得到的养分供应相对减少,抽生新梢生长弱而短。反之,留短的枝条由于芽数减少,新梢的生长势较强。促进生长适当重剪,促进结果应适当轻剪或长放不剪。

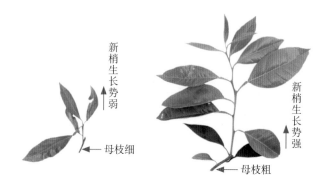

母枝影响长势对比图

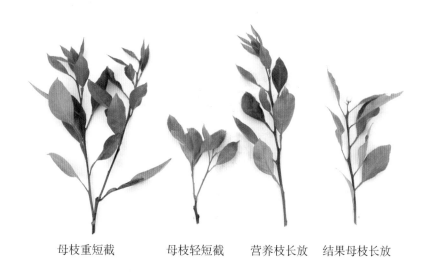

母枝重短截　　　母枝轻短截　　　营养枝长放　　　结果母枝长放

二、柑橘的结果特性

（一）花芽分化

从叶芽转变为花芽称花芽分化，花芽分化分为生理分化期和形态分化期，生理分化在形态分化期前 20 ～ 30 天进行。一般认为花芽分化的机制是在外界条件和内部因素作用下，产生一种或几种物质（如成花激素），启动细胞中的成花基因，引起酶的活性和生长激素的改变，营养物质向芽积累，导致花芽的形态分化。

柑橘在条件适合的情况下，一年四季均能进行花芽分化。但一般情况下，柑橘花芽分化期为9月至翌年3月。柑橘花芽分化时期，因种类、品种、栽培地区的气候条件而异。秋冬干旱、适当低温的地区或年份能促进花芽分化。一年多次开花的柠檬、金柑等花芽分化的条件则要求不严格，花芽分化过程也较快，各季节枝条抽生1个月左右，就能完成花芽分化。

（二）成花规律

1. **成花母枝** 各类枝梢在营养充足、环境条件适宜的情况下，都能分化花芽为成花母枝。根据各地观察：气温高的地区大部分柑橘种类品种成年树以春、秋二次梢为主；气温低的地区以春梢为主，春、秋二次梢和早秋梢次之。受光不足、生长纤弱或徒长枝都不会成为优良的成花母枝。

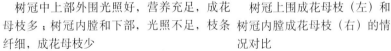

树冠中上部外围光照好，营养充足，成花母枝多；树冠内膛和下部，光照不足，枝条纤细，成花母枝少

树冠上围成花母枝（左）和树冠内膛成花母枝（右）的情况对比

经修剪后的树，有层次，各部位成花母枝均多

2. 开花部位的移动　柑橘花芽多着生在一年生枝顶端数节，随二、三次梢抽生，着生花芽的部位上移，如需要结果，一般不要短截。在结果母枝多时可适量短截减少花量，让其抽生预备枝。

3. 花量大小的决定因素　柑橘花量的多少和树势强弱，在很大程度上影响着修剪方法。但是柑橘无法像落叶果树那样可以从芽的外观判断花芽或叶芽，因而柑橘花量大小只能根据生长发育规律和外界环境条件加以综合判断。

（三）花和果实

柑橘开花期依不同种类、品种及栽培地区的气候而异，以长沙地区为例，大部分品种在4月中下旬至5月上旬开花。

柑橘从开花至谢花需7～10天。

柑橘为自花授粉果树，多数品种需经过授粉、受精才能结果。温州蜜柑、南丰蜜橘、脐橙及一些无

柑橘树开花

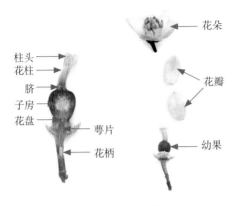

柑橘花结构

核橙、柚等，不经受精果实也能发育成熟，这种现象称为单性结实。幼果在发育过程中，经历两次明显的落果高峰，第一次在谢花后 1～2 周，第二次在谢花后 1 个月左右，又称为"六月落果"。从子房膨大到果实成熟，需经过 150～220 天，少数品种长达 360～390 天。

柑橘果实横剖面

（四）影响坐果率的因素

柑橘花量大但坐果率较低，多数为 1%～3%，坐果率高低除花期气候外，还与其生长状况有关：

①成花母枝粗壮，坐果率高。

②强树弱枝开花，弱枝稳果，坐果率高（但过

成花母枝、结果母枝对比

旺树不易开花坐果）；弱树开花量大，强枝稳果，坐果率低；生长势中等的树，中庸枝易开花、稳果。

弱树开花量大，强枝稳果

强树弱枝开花，弱枝稳果

③进入盛果期的植株，先年结果量少时，当年花量多；先年结果量多时，当年花量少。

大年树当年花量大，坐果率较低

小年树当年花量少，坐果率高，果较大

④由于营养条件的差异，坐果率不同，有叶果枝一般多发生在强壮的母枝顶部，坐果率高，翌年还可抽生营养枝继续结果。但幼树生长过强时，营养枝多，花量过少，有叶单花比例虽大，但营养生长过旺，坐果率也低。

有叶果枝因枝叶齐全，生长充实，比　　　无叶果枝多发生在
无叶果枝坐果率高，着生的果实较大　　　较瘦弱的母枝上，坐果率低

强壮的有叶果枝翌年可抽生营养枝

坐果率高　　　　　　　　　　　　　　　　　　坐果率低

不同母枝条件下，坐果率变化图

三、柑橘整形修剪的原则

（一）以轻为主，轻重结合

柑橘通常是常绿果树，在修剪量和修剪程度上，总的要求以轻剪为主。叶片是柑橘进行光合作用、制造和贮藏有机养分的重要器官。叶片的数量、质量和寿命对树体的生长和产量、品质影响很大。如叶片损失在30%以上，对产量会有显著影响。因此，每年修剪的枝叶量应控制在20%以下。要因地因树制宜，运用"以轻剪为主，轻重结合"的原则进行修剪。

柑橘叶片

1. 枳叶片　2. 金橘叶片　3. 枸橼叶片　4. 柚叶片　5. 宽皮柑橘叶片　6. 甜橙叶片

（二）平衡树势，协调关系

通过对树体修剪，调节地上部分与地下部分，树冠上下、内外，骨干枝之间生长势相对平衡，强者缓和，弱者复壮，只有树势均衡，生长中庸，才能达到丰产、稳产。

树体重剪

树体轻剪为主，轻重结合

树势调整前

树势调整后

（三）主从分明，结构合理

　　各类枝的组成要主从分明，中心干的生长比各主枝强，主枝比侧枝强，而主枝间要求下强上弱，下大上小，保证下部的主枝逐级强于上部主枝，主侧枝又要强于辅养枝。一个枝组内的枝梢之间也有主从关系，为高产、稳产，延长丰产年限提供基础。

树体主从分明，结构合理

（四）通风透光，立体结果

　　修剪还必须以有利通风透光，达到立体结果为原则，骨架要牢，大枝要少，小枝要多，枝组间拉开间距。柑橘较耐阴，只要绿叶层波浪起伏，树冠"小空大不空"，即俗话说树冠下能见到"花花太阳"，便可获得高产、稳产。

通风透光，立体结果

（五）因势利导，灵活运用

修剪虽有比较统一的要求和基本一致的剪法，但具体到一个果园，其树形、枝梢各式各样，同时基于砧木、品种、树龄、土质、管理条件等不同，实际修剪时灵活性很大，应根据具体情况灵活运用。例如，幼年树不能过于强调整形，要适当多留密生小枝（辅养枝），以用于养根、养干、养树提早结果，以后再逐年回缩。

又如山地与平地，土层肥力差异很大，同一柑橘品种，应按不同的要求整形。一般山地树冠小，留干矮；平地树冠大，留干高；庭院种植留干更高。

山地种植留干矮

平地种植留干高

庭院种植留干更高

（六）配合其他措施，提高经济效益

修剪的调节作用有一定的局限性，它本身不能提供养分和水分，因而不能代替土、肥、水等栽培管理措施，修剪必须与其他措施紧密配合，在良好的土肥水管理和病虫防治的基础上合理运用，才能达到预期效果，提高经济效益。

施肥

松土

喷药

松土　　　　　　　　　　浇水
园区土壤、施肥、水分、病虫害等综合管理措施

此外，任何一项栽培措施都必须考虑经济效益，如整形修剪所投入人力、物力的成本大于其获得的收益，则没有必要进行修剪。因此，柑橘修剪必须以提高果园经济效益为原则。通过修剪，最大限度地提高柑橘产量和品质。

四、柑橘整形修剪的依据

除遵循一定的修剪原则外，还必须以下列基本因素为依据，才能发挥修剪应有的作用。

（一）品种及砧木特性

柑橘品种、砧木不同，其生物学特性各有差异，在树势强弱、骨干枝的分枝角度、结果枝类型、花芽形成难易和坐果率高低等方面不尽相同。因此，修剪也各有侧重，要看不同品种、不同砧木的特性及其表现，采取相应的整形修剪技术。

不同砧木的生长特性

（二）不同生育期

根据柑橘树一生中生长、结果、衰老、死亡的变化规律，各个时期生长结果的表现不同，在修剪方法和程度上必须随之改变。才能符合生长发育的需要，获取较高的经济效益。

1. **幼树期**　幼树期是指从苗木定植到第一次开花结果前，主要特征是树体离心生长，树冠、根系生长迅速，长势强，枝梢生长直立。此期以整形为主，修剪宜轻，争取早结果。

幼树期

2. **结果初期**　结果初期是指从开始结果到大量结果前，是树体从营养生长占优势逐步转向营养生长和生殖生长趋于平衡的过渡阶段，表现为生长较旺，枝梢抽生次数多，生长势逐渐缓和，外围和内膛均能结果。除继续形成骨干枝外，注重枝组的培养，控旺促花，保花保果，实现早期丰产。

结果初期

3. **结果盛期**　结果盛期是指从大量结果到产量明显下降前的这段时期。此期的主要特征是以结果为主，树冠和根系扩大到最大限度，结果母枝大量增加，产量达到高峰。要通过修剪维持营养生长与生殖生长的平衡关系，防止大小年发生；同时应注重枝组内的更新复壮；改善内膛通风透光条件，防止结果部位外移，尽可能延长盛果期。

结果盛期

4. **结果后期** 结果后期是指从产量开始下降至进入衰老时期，此时期的特征是骨干枝先端开始干枯，小侧枝大量死亡，生长势越来越弱，结果量减少，易落花落果，大小年更明显。应适当重剪回缩，利用更新枝复壮，配合改土断根，增施肥水更新根系。同时，要疏花疏果，延缓衰老。

结果后期

5. 衰老期　衰老期是指从产量明显下降到几乎无经济效益以致死亡。更新复壮的可能性很小，已无经济利用价值。

衰老期

（三）树势

1. 强旺树、中庸树和衰弱树　从树势可分为强旺树、中庸树和衰弱树。

（1）强旺树　新梢多而长，营养枝多，结果枝少。

强旺树

（2）中庸树　新梢分布均匀，充实健壮，徒长直立枝少，营养枝和结果枝比例正常。

中庸树

（3）衰弱树　新梢细弱短小，内膛枝大量枯死，骨干枝基部直立徒长枝多，花量过多或过少。

衰弱树

2. **大年树、小年树和稳产树**　从产量分为大年树、小年树、稳产树。

（1）**大年树**　当年抽生的花枝数量很多，抽生的营养枝少、生长量小，生长偏弱或中庸。

（2）**小年树**　当年抽生的花枝少，营养枝数量很多、生长量大，生长偏旺。

大年树

小年树

（3）**稳产树**　枝梢生长健壮、分布均匀，树势中庸，营养枝与结果枝比例适宜。

稳产树

（四）自然条件

不同的自然条件，对柑橘树的生长和结果有很大影响，必须因地制宜采取适当的整形修剪方法，才能达到预期的效果。

在土壤瘠薄的山地和丘陵地上种植的柑橘，因条件差生长发育较弱，生长势不强，宜采用小冠树形，修剪量偏重一些，宜多短截，少疏删。

土壤瘠薄的山地果园树体生长状况

在土壤肥沃、地势比较平坦的地段上种植柑橘，生长发育较强，枝多、冠大，主枝数宜少，层间距宜大，修剪量要轻；疏枝量相对较多，短截宜轻。所谓"看天、看地、看树"，就是根据自然条件和树势强弱的不同，确定适宜的修剪方法和程度。

土壤肥沃的果园

（五）栽培管理水平

栽培管理水平和栽植形式，也与整形修剪密切相关。管理水平对植株生长影响很大。管理水平高，树体生长旺盛，枝量多、

管理粗放的果园树体生长状况

管理精细的果园树体生长状况

树冠大，定干宜高；多疏删少短截，以果压树控制长势。相反，土壤瘠薄、肥水不足时，应尽量少疏枝，衰老枝适当短截更新复壮。

　　栽植形式和密度不同，整形修剪也要相应地改变。密植树的树冠比稀植树的树冠要矮小，必须采用矮干，增加分枝级数和枝梢量，要及早控制树冠的生长；而稀植果园为了培养高大树体，要充分利用夏梢培养强大的骨干枝，加大枝距，以形成较大的树冠。

密植的树形

稀植的树形

此外，在具体修剪时还应在实地观察，从新梢的数量、粗度、长度看树势强弱；从营养枝与结果枝的比例看树体生长与结果的平衡；从大枝和结果枝组的分布看树体的结构，综合判断后才能有针对性地提出实施方案。

柑橘修剪应购买专用的修剪工具，掌握正确的使用方法，才能提高劳动效率。

一、修枝剪与使用

1. 修枝剪的选择　柑橘修剪有的用刀砍、削，这是不正确的，必须要购买专用的果树修枝剪。果树修枝剪种类繁多，好的修枝剪剪口弧度要适当，剪枝省力且容易剪断。

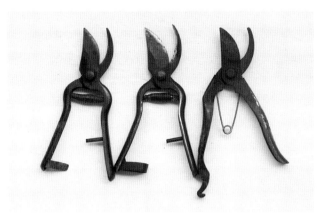

修枝剪

2. 正确使用修枝剪　正确使用修枝剪省力，工效也高。
①剪枝时，要在一条直线上上下旋动，不能左右摆动。

正确使用修枝剪（一）

②剪枝时，要右手拿剪用力剪，左手向下压枝，这样向外向下推压，枝条很容易剪断。

正确使用修枝剪（二）

二、手锯的选择与使用

1. **手锯的选择**　修剪柑橘大枝要用锯，有单刃手锯和双刃手锯。单刃手锯锯出来的锯口粗糙不平，锯大枝时容易夹住，而双刃手锯锯出来的锯口子整齐，锯枝时省力，所以要选用高碳钢双刃手锯。

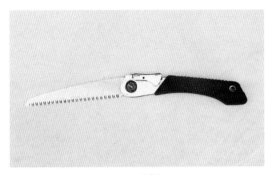

双刃手锯

2. 手锯的正确使用

①锯直立大枝时，先锯倒向一边的 1/3，再锯另一边，略高于第一锯。

锯直立大枝的方法

②锯斜生枝或水平大枝时，先锯下部 1/3，再在略高的地方锯断上部，这样可防止撕裂下部树皮。

先锯下口

后锯上口

断枝

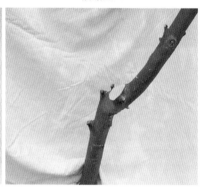

修平锯口

锯斜生枝、水平枝的方法

第四天
整形修剪的时期与方法

　　柑橘一般为常绿果树，无明显休眠期，在生产上把采果后至翌年春季萌芽前称为相对休眠期，其他为生长期。修剪可分为休眠期修剪和生长期修剪。

一、休眠期修剪

（一）休眠期修剪的适宜时间

　　相对休眠期地上部分生长基本停止，生理活动减弱，是修剪的主要时期。如树体结构调整，大枝回缩更新，大小年平衡，密植郁闭果园的改造，大树移栽等，因伤口大、养分损失多，都只能在休眠期进行。此时修剪有较长的恢复期，利于建立起地上与地下的生理平衡。有冻害的地区须在严寒后，气温回升时进行。

（二）休眠期修剪的基本方法

　　1. 短截及其应用　将枝梢的先端部分剪去称短截。剪去枝梢先端的 1/4 ～ 1/3 为轻短截，剪去 1/2 为中短截，剪去 2/3 为重短截。

　　短截的作用是促发多而健壮的新梢，降低分枝部位，控制树冠过快增长，增加分

轻短截

轻短截促发新梢多，长势均匀

中短截促发新梢多，长势较旺 | 重短截促发的新梢少，长势旺

枝级数。

（1）短截主枝、副主枝延长枝

短截主枝、副主枝延长枝对比图（虚线表示修剪前的枝条）

（2）短截直立旺枝　幼树短截直立旺枝，促进分枝；结果树短截内膛直立旺枝促分枝，充实内膛。

短截直立旺枝

（3）短截二、三次梢结果母枝，减少花量
（4）短截二、三次梢，降低分枝部位

短截先端部分能减少花量，提高坐果率

53

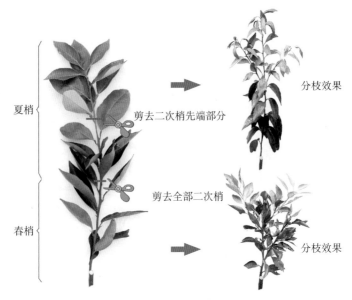

夏梢

剪去二次梢先端部分

分枝效果

剪去全部二次梢

春梢

分枝效果

短截二次梢方法及效果

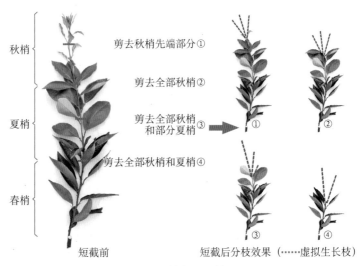

秋梢　　剪去秋梢先端部分①

剪去全部秋梢②

夏梢　　剪去全部秋梢
　　　　和部分夏梢③　　　　①　　　②

剪去全部秋梢和夏梢④

春梢

短截前　　　短截后分枝效果（……虚拟生长枝）　　　③　　　④

短截三次梢方法及效果

2. 疏剪及其应用　疏剪是从基部分枝处将枝梢全部剪除,不留基桩的修剪方法。疏剪作用主要是减少营养消耗,调整树体结构,平衡营养生长与生殖生长,改善光照条件。

（1）疏剪密生枝、细弱枝、枯枝、病虫枝等,增强通风进光

→ 密生枝
→ 细弱枝

疏剪密生枝、细弱枝

（2）疏剪徒长枝,平衡树势,维持树体结构

徒长枝

疏剪前　　　　　　　　　　疏剪后

疏剪徒长枝

（3）疏剪大枝，调整树冠结构，改善通风透光条件

骨干枝

辅养枝

逐年疏剪骨干枝上辅养枝

疏剪顶部大枝、中心，调整树体结构

3. **缩剪及其应用** 缩剪又称回缩修剪，即剪去一部分多年生枝，主要用于老枝的更新复壮。

(1) 回缩换头，改变生长方向，调整生长势

降低延长枝，抑制生长势

抬高延长枝，增强生长势（虚线表示修剪前的枝条）

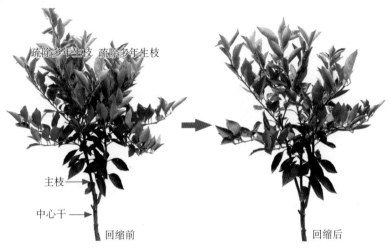

疏除多年生枝　疏除多年生枝

主枝 ←

中心干 →

回缩前　　　　　　　　　　回缩后

回缩大枝，改变生长方向

（2）回缩更新衰退结果枝组

疏除枝组

疏除枝组

回缩前

回缩后

枝组回缩更新

（3）回缩大枝，控制树冠，延长经济结果年限

回缩树冠上部大枝，控制树冠高度和宽度

（4）回缩衰老大枝或大树移栽，更新树冠

回缩衰老大枝

二、生长期修剪

（一）生长期修剪的时期

生长期修剪是从春梢萌动后至采果前，包括全年生长期进行的所有修剪工作，又称为夏季修剪。这段时期树体生长旺盛，生长量大，生理活跃，对修剪反应敏感，一般修剪宜轻。主要修剪工作是抹梢、疏梢、摘心、疏花、疏果、环割、环剥、弯枝、拉枝等。

（二）生长期修剪的基本方法

1.摘心、剪梢　枝梢未停止生长前，将先端摘除叫摘心，剪梢是指剪去幼嫩梢的一部分。其作用是避免养分的无效消耗，缩短枝梢生长期，促进分枝。对将要停长的新梢摘心，可促进枝芽充实。

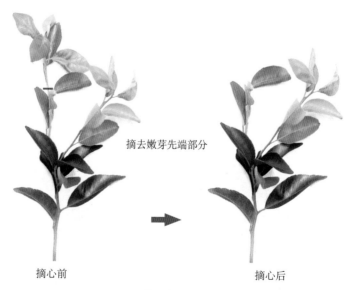

摘去嫩芽先端部分

摘心前　　　　　　　　　　　　　摘心后

摘心方法

2.疏芽、疏梢、疏枝 从萌芽至未展叶前将芽抹除称疏芽，到展叶后疏除称疏梢，枝梢停长后疏除称疏枝。从节约树体养分和节约用工出发，疏芽优于疏梢，疏梢优于疏枝。因此，生产上不需要的萌芽，如丛生芽、密生芽，主干主枝上的潜伏芽等应尽早抹除。

疏芽前（红色箭头代表需要抹除的萌芽）

疏芽后

疏枝前（红色箭头代表需要抹除的部分）

疏枝后

疏细弱枝前（红色箭头表示需要疏除的细弱枝）　　　　疏细弱枝后

疏细弱枝

疏主干萌发枝梢前（红色箭头表示需要疏除的萌发枝）　　　　疏主干萌发枝梢后

疏主干萌发枝梢

疏朝天枝前（红色箭头表示要疏除的朝天枝） 疏朝天枝后

疏朝天枝

疏徒长枝前（红色箭头表示要疏除的徒长枝） 疏徒长枝后

疏徒长枝

3. 疏花疏果

（1）疏花　在柑橘开花以前，将多余的花蕾、花、花枝，人工摘除或剪除叫疏花。大花型品种如柚，以疏蕾、疏花、疏花序为主，先疏畸形花、病虫花、小花，后疏多余的正常花；而中小花型品种，如橙、柑、橘，以疏花序、花枝为主，先疏衰退花枝，后疏多余的正常花枝。

疏花

疏花枝

疏除虫病虫果、畸形果

（2）疏果　在第一次生理落果结束后（5月下旬），将病虫果、畸形果、小果疏除；第二次生理落果后，将多余的果疏除，按该品种正常的叶果比留果。疏果主要用于中大果型如橙、柚类品种，以提高外观品质。

4. 环割、环剥、环扎

环割、环剥、环扎主要是程度不同而言。但都只能刻伤韧皮部

疏除顶端大果

疏除无叶退化花枝果

不能伤及木质部。其程度依品种和季节不同,宽皮柑橘和金柑宜轻,柚类和橙类可稍重；秋季宜轻,春季可稍重。

(1) 环割　将二年生以上生长势强的大枝或侧枝,在基部平滑处,用利刀环割一圈或数圈称环割。环割主要用于生长过旺、适龄不开花的幼年结果树的促花保果。9月下旬至10月下旬环割促进花芽分化；谢花后环割保果效果较好。一般割直立旺长枝一圈,特旺枝可割 2 ～ 3 圈。

环割主干

环割

环割直立主枝

环割直立侧枝

半环剥

（2）环剥　将适龄不开花或开花不易坐果的旺长树主干或主枝环割两圈，间距3～5毫米，剥去皮层称环剥。这种方法主要用于生长势旺、更新能力强的柚类、橙类品种。分半环剥、全环剥和螺旋环剥。

全环剥

螺旋环剥

（3）环扎 将生长旺的主枝或大侧枝用 16# 或 14# 铁丝环扎 1 道或 2 道叫环扎。松紧以皮层外表湿润为准，20 ～ 30 天解除。

扎铁丝

环扎方法

这种方法强度容易掌握，在中亚热带产区，对生长势不旺的品种，使用环扎比较安全。树势旺扎紧点，或多扎一道，或时间扎久点；反之，则轻，时间则短。

5．拿枝、曲枝、扭枝 将生长直立的新梢，尤其是徒长枝、竞争枝，在新梢中下部已完全木质化，但顶部还处在半木质化时，用手将新梢自基部向中上部逐渐下压，使之斜生或水平叫拿枝；使之弯下为曲枝；两手捏紧旋转 90°～180°为扭枝。上述措施主要是改变新枝生长角度，抑制长势，促进花芽分化。

下压

拿枝

67

曲枝

扭枝

6. 拉枝、吊枝、撑枝　将 1～2 年生枝生长角度及方位进行调整，增大、减少或水平移动时需要对枝条进行拉、吊、撑。常用于幼树整形，以培养合理的树冠骨干枝，平衡各主枝长势。

撑枝方法

吊枝方法

7. 断根　9～10 月在树冠滴水线下开环状沟，沟宽 30～40 厘米、深 40～60 厘米，切断 2 厘米以下的侧根，并晾晒 30～60 天，以叶片出现微卷为度。这种方法常用于肥水条件好、长势旺的平地柑橘园，对全树促花效果显著，且树势易于恢复。

开沟断根的方法

一、幼树的修剪

视频 1　幼树的修剪

幼树生长势强，生长旺盛，一年多次抽梢，树冠扩大快。幼树的修剪宜轻，要按照树形要求培养骨干枝，蓄留辅养枝，梢叶增加快，利用叶片增加树体营养，使树冠迅速扩大，尽快进入投产期。修剪时间以生长期为主。

（一）抹芽放梢

柑橘定植后的 1 ～ 2 年，每年放梢 3 ～ 4 次，夏、秋梢要去零留整，集中放梢。每次放梢前，对先发的零星芽，在芽长 1 ～ 3 厘米时，抹除 1 ～ 2 次，待全园发梢达到要求时，停止抹芽，统一放梢。

同一基枝，先放弱梢①，后放强梢②

同样强弱的梢，先放斜梢，后放直立梢

同一株梢，先放树冠中下部，后放树冠上部

放梢后，展叶转绿前进行疏梢，树冠上部除强去弱，中下部除弱留强。

（二）长梢摘心

幼树生长旺，尤其是夏秋梢。在展叶后，对生长过长的梢进行摘心，留叶 8 ~ 12 片（橙、柚类可以多留），以促使加快老熟，组织充实。但结果前一年秋梢不摘心，以免减少花量，有利形成优良的结果母枝。

（三）短截延长枝

按整形要求培养的主枝、副主枝和侧枝的延长枝，要在每次放梢前短剪 1/3 ~ 1/2，使之剪口下的 2 ~ 3 个芽正是放梢中部的健壮芽。

长梢摘心（虚线表示没抹除前的长梢，是需要被摘心的）

71

短截延长枝前（红色箭头为延长枝）

短截延长枝后

（四）疏剪主干、主枝上的小枝

随着树冠不断扩大，绿叶层增厚，树冠中下部主干、主枝上生长的辅养小枝要逐步疏除。视其利用价值分次疏剪，不要一次剪光。

疏剪前

疏剪后

疏剪辅养小枝

（五）剪除下垂接地枝

幼树树冠增大以后，先端下垂枝接触地面，沾泥染病，妨碍管理，要及时剪除。接地枝要在骑马枝处剪除，并分次进行，逐步抬高。

下垂接地枝剪除

（六）处理利用潜伏芽萌发的徒长枝

幼树主干和主枝上的潜伏芽易萌发徒长枝，生长快，扰乱树形，均应及时剪除。在主干过低、弯曲或主枝分布不合理，树冠出现空缺时，可利用潜伏芽徒长枝换主干（或主枝）。这种徒长枝要及时摘心，促发分枝，加速成形。

利用潜伏芽萌发的徒长枝换主枝

（七）摘除花蕾幼果

嫁接苗幼树开花早，投产前每年春梢萌发后，花蕾绿豆大时开始摘除，2～3次摘完。花蕾未摘到的，坐果后还要继续摘除，以节约树体养分。

摘除花蕾
2～3次摘完

摘除花蕾（红色箭头表示要摘除的部分）

摘除部分幼果
节约树体养分

摘除前（红色箭头表示要摘除的部分）　　　　摘除后

摘除幼果

二、初结果树的修剪

初结果树继续扩大树冠完成整形，并开始结果，不断增加产量。修剪的目的是在树冠扩大的前提下，达到早结果、早丰产。

视频 2　初结果树的修剪

（一）控梢放梢

初结果树营养生长旺，生长与结果矛盾突出，中亚热带以南的柑橘产区，常采用疏春梢、控夏梢、放秋梢、抹冬梢来协调二者矛盾，同时加强保花保果，以达到早结果、高产的目的。

1.疏春梢　树冠中上部位生长旺的外围营养春梢和 5 叶以上有叶结果枝疏除。各产区不同品种，留叶多少有所不同，视具体情况定疏剪量。

疏除生长较旺的营养春梢
（红色箭头表示疏除）

混合结果母枝条
疏除先端营养春梢

全为结果枝
疏除 5 叶以上的结果枝
（数字代表叶片数）

初结果树疏春梢及 5 叶以上的结果枝

2.控夏梢　从坐果后至 7 月中旬，要严格控制夏梢的生长，以减少生理落果。控夏梢的抹梢方法与一般的抹梢方法不同，在夏梢停止生长展叶时才抹，或是带基枝剪除。也可留 1 ～ 2 叶摘心，这样可抑制和减少夏梢的发生，减少抹梢次数和用工。

芽长小于 3 厘米

芽长 1～3 厘米
不能抹除

控夏梢方法 1：已经
停止生长展叶的夏
梢，全部抹除

控夏梢方法 2：
带基枝一起抹
除的夏梢

控夏梢方法 3：1、2 代
表留下的叶，其他中心
的叶抹除（即摘心）

初结果枝控夏梢

3. 放秋梢　从 7 月中旬开始，选择气候适宜和潜叶蛾发生低峰期放秋梢。放梢前对发生的零星芽，抹 1～2 次，在全园达到放梢要求时，统一放秋梢。放梢时间由当地气候而定，基本原则是秋梢必须老熟，能分化花芽翌年结果，同时要尽量避免晚秋梢或冬梢发生。在秋梢展叶后转绿前，疏梢 1～2 次。树冠顶部除强去弱留中庸，树冠中下部的外围去弱留强，以控制树高，增大冠幅。

树冠顶部除强去弱留中庸

中下部的外围去弱留强

控制树高，增大冠幅

初结果树疏秋梢方法

4. **短截夏梢结合抹芽放梢** 为减少抹芽次数可考虑留部分夏梢,具体操作是:在树冠空隙部位或外围保留部分夏梢,留 5 ~ 8 片健壮叶片短剪或摘心,短截后的夏梢可能再次萌发晚夏梢,于 8 月中下旬连续抹 2 ~ 3 次,直至放梢为止。这样秋梢抽生数量可明显减少。

夏梢　　　　夏梢　　　　　　秋梢　　　　　　秋梢

过密秋梢

短截夏芽　　　抹除再发生的夏芽　　　放秋梢　　　疏除过密的秋梢后
　　　　　　（红色箭头表示抹除）

短截夏梢结合抹芽放梢

5. **抹冬梢** 在当地进入冬季前,还不能正常老熟的晚秋梢和冬梢要全部抹除,晚秋梢先端不能老熟的,要及时摘心,促进老熟。

中间嫩绿色部分全部抹除

晚秋梢剪除先端不能正常老熟的部分,未展开叶的部分全部抹除

冬梢展叶后抹除（两个枝条的枝顶,嫩绿色部分需要抹除）

（二）断根促花

旺长不开花的幼年结果树，在花芽生理分化期（9月中旬至10月下旬），在树冠滴水线内开条状或环状沟（按树冠大小而定），断根粗度要求达到0.5～1.5厘米。开沟后修剪断根，并晾根30～60天，叶片出现微卷时填土，填土时结合深施有机肥。

（三）以果换梢

秋梢是柑橘幼年树的优良结果母枝。先年结果多的幼树，很难放出好的秋梢。在7月上、中旬放秋梢前10～15天，将树冠中上部外围大顶果摘除或带萼片剪除，放秋梢，这是以果换梢，培养优质秋梢结果母枝的主要措施，中亚热带产区广泛用于宽皮柑橘和橙类。

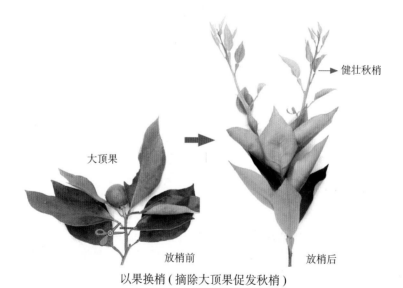

以果换梢（摘除大顶果促发秋梢）

（四）短截回缩落花落果枝

有些柑橘品种坐果率低，落花落果严重，特别是花量大的树落花落果枝更多。这些落花落果枝，按常规应进行冬季修剪，为节省养分，最好采取夏剪，于6月下旬至8月上旬放秋梢前，进行短截或回缩促发秋梢，可培养成优良结果母枝。

（五）结果枝、结果母枝的修剪

初结果期树结果枝、结果母枝，一般质量较好，修剪时应分类区别对待，一般是冬季进行修剪。

结果枝修剪前　　　　　　　　　　结果枝修剪后

（六）重短截夏秋梢

随着树体生长和挂果量的增加，开始进入盛果期。在气候适宜、肥水管理较好的情况下，秋梢发生多、质量好，翌年花量大，会形成大年结果。因此，在秋梢生长很好的年份，冬剪时要对全树1/3秋梢进行重短截或回缩，并疏去弱梢，以减少翌年花量。夏梢控制不完全的，即末级枝为夏梢的同秋梢处理。

结果枝组衰弱
齐此回缩更新

结果母枝 结果枝

结果枝、结果母枝有叶，
叶色枯黄，齐此剪

结果母枝健壮，
结果枝叶色枯
黄、衰弱齐此剪

结果枝、结果母枝有叶，
健壮叶绿，齐此剪

结果枝、结果母枝重短截或回缩方法

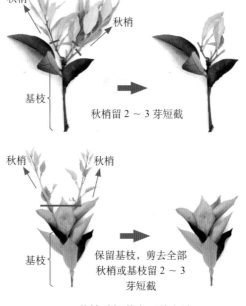

秋梢

秋梢

基枝

秋梢留 2～3 芽短截

秋梢

秋梢

基枝

保留基枝，剪去全部
秋梢或基枝留 2～3
芽短截

秋梢重短截和回缩方法

（七）处理无用枝

无用枝包括枯枝、病虫枝、密生枝、细弱枝、交叉枝、主干主枝发出的直立徒长枝、下垂接地枝等，对树体生长妨碍较大的如病虫枝、主干主枝发出的徒长枝，在生长期及时剪除，其他均在冬季修剪时剪除。

无用枝处理前

无用枝处理后

一、盛果期树的修剪

进入盛果期，极易出现大小年结果现象，修剪的任务是及时更新结果枝组，培养优良的结果母枝，保持营养枝与结果枝的合理比例，达到稳产高产、延长盛果期年限的目的。

视频3　盛果期树的修剪

（一）疏剪郁闭大枝

进入盛果期后树冠上部生长旺，易出现上强下弱，顶部枝梢密生，

郁闭大枝疏剪前

内膛荫蔽枯枝，必须疏剪大枝打开光路。一般修剪原则是：树势强疏剪强枝，大枝长势相同的先疏剪直立枝，以缓和树势；树势弱的疏剪弱枝，以促进生长。盛果期要培养大枝少而稀，小枝多而密；树冠上不满下不空，外空内不空，上下能见光，内外能结果的凹凸树冠。

疏剪后层次分明，树冠凹凸状

（二）轮换更新结果枝组

柑橘连年结果，结果枝组容易衰退，每年须选择 1/3 的衰弱枝组进行更新，从基枝短截，促发春梢。此法更新枝组，可留少量夏梢，通过摘心和抹芽放梢，使之多抽生结果母枝。每年这样轮换更新 1/3 枝组，稳定树势，保持营养生长与生殖生长的平衡，延长盛果期。

枝组回缩更新前

枝组回缩更新后

（三）培育优质春梢结果母枝

柑橘进入盛果期，结果母枝由秋梢为主转向以春梢为主，春梢营养枝数量和质量是来年产量的保证。春梢结果母枝的培养有两种主要方法：一是采取枝组更新促发优质春梢；二是回缩短截夏、秋梢营养枝促发春梢。对生长强壮的夏、秋梢，除培养成大侧枝延长枝外，可短截至春梢基枝，促发优质春梢。

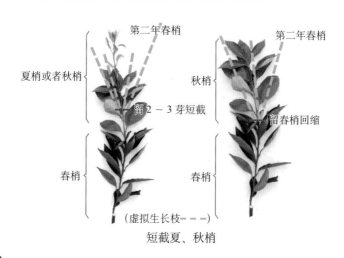

短截夏、秋梢

（四）回缩落花落果枝

柑橘盛果期花量大，落花、落果严重，谢花后至 7 月上旬，对落花、落果枝组进行回缩修剪，以促发健壮早秋梢。如果冬季修剪回缩，将不能抽发秋梢形成结果母枝。

（五）处理与利用内膛枝

盛果期柑橘树冠高大，由于封行荫蔽，如修剪工作不到位，会严重影响内膛结果，产量下降。

①剪除枯枝、病虫枝、果柄枝。

②疏剪密生枝。内膛枝过密，需疏剪纤细衰弱枝，10 ～ 20 厘米保留一个健壮枝；疏剪直立旺长枝，保留侧生短壮枝。

修剪前　　修剪后

疏剪密生枝对比图

③抬高下垂枝。结果枝结果下垂，长势衰弱，尤其是枝条先端易衰老，要逐次修剪上抬，恢复长势以形成结果能力。

修剪前　　　　　　　　　　　修剪后

抬高下垂枝对比图

　　④改造利用潜伏芽直立枝。由主枝、大侧枝潜伏芽萌发的直立枝，长势弱于徒长枝，经摘心促发分枝，可改造成结果枝组。

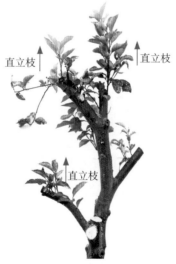

潜伏芽萌发的直立枝

二、结果后期树的修剪

结果后期树，树势逐渐衰弱，营养生长量减少，生殖生长占绝对优势。先端衰弱，内腔侧枝潜伏芽萌发增多。利用其进行大枝和结果枝组更新是修剪的主要任务。

视频 4　结果后期树的修剪

（一）压顶回缩大枝

结果后期树，老化结果枝组增多，枝组更新已不能完全促使树势恢复生长，必须压顶更新大侧枝。这种更新要从树冠顶部开始，首先要压顶，每年更新 1/5 大侧枝，枝径 1 ~ 3 厘米，一般不留枝桩。

压顶回缩大枝前

压顶回缩大枝后

（二）交替更新结果枝组

结果枝组更新从进入盛果期就要开始，随着树龄的增加，树

89

势衰弱，更新速度加快，更新数量增多。

更新前（红色箭头表示需要去除的结果枝组）

更新后

更新结果枝组

（三）利用潜伏芽萌发的徒长枝

结果后期树树冠上部长势逐渐衰弱，主干、主枝中下部潜伏芽大量萌发，要充分利用。在树冠空隙处，或残缺树冠的主干基部，留1个或几个潜伏芽徒长枝，经摘心、短截、换枝等处理，培养成新的树冠部分。

萌发的徒长枝通过拉枝构成新树冠

（四）开壕沟断根更新根系

在树冠大枝回缩更新的同时，必须更新根系。秋末（9～10月）在树行间或株间开壕沟断根，结合深施有机肥促发新根。

开壕沟断根

　　衰老树指结果多年、树龄大、树势衰退的老龄树。这种树的更新修剪必须是主干和大枝完好，没有病虫危害，更新后能迅速恢复树冠生长和结果能力才有经济价值。更新修剪要根据其衰老程度，采用不同的更新修剪方法。

一、局部更新

　　局部更新又称轮换更新，是逐年对主枝、副主枝和侧枝轮流重剪称缩减疏删，保留树体主枝和长势较强的枝组，尽量多保留大枝上有健康叶片的小枝，每年春季更新修剪一次，分2～3年完成。

虚线表示更新前的大枝、树冠部位

局部更新

二、露骨更新

露骨更新又称中度更新，当树势衰退比较严重时，将全部侧枝和大枝组重截回缩，疏删多余的主枝、副主枝、重叠枝、交叉枝，保留主枝上部分健康小枝。这种更新要注意加强管理，保护枝、干，防止日灼，2～3年可恢复结果。

三、主枝更新

主枝更新又称重更新，是在树势严重衰退时，将距主干100厘米以上的4～5级副主枝、侧枝全部锯去，仅保留主枝下端部分。这种更新方法用于密植郁闭园的改造，冻害树的恢复修剪效果显著。

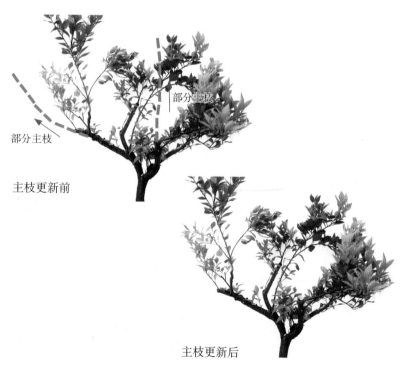

部分主枝

部分主枝

主枝更新前

主枝更新后

四、修剪的注意事项

①衰老树的更新必须与根系更新同步进行，头年秋季先断根改土，翌年春季更新树冠效果才更好。

②更新修剪通常在春季萌芽前进行。

③更新修剪后，及时用薄膜或接蜡保护锯口、剪口，用石灰水刷白树干，防止枯桩和日灼。

④加强新梢管理，通过摘心、疏梢、曲枝和病虫防治等促进树体生长，尽快恢复树冠。

图书在版编目（CIP）数据

彩图版柑橘整形修剪七日通 ／ 欧毅，周蕊，王茜主编. —北京：中国农业出版社，2019.7
（彩图版果树整形修剪七日通丛书）
ISBN 978-7-109-25375-9

Ⅰ.①彩… Ⅱ.①欧… ②周… ③王… Ⅲ.①柑橘类－修剪－图解 Ⅳ.①S666.05-64

中国版本图书馆CIP数据核字(2019)第055793号

中国农业出版社出版
（北京市朝阳区麦子店街18号楼）
（邮政编码 100125）
责任编辑 黄 宇

北京通州皇家印刷厂印刷 新华书店北京发行所发行
2019年7月第1版 2019年7月北京第1次印刷

开本：880mm×1230mm 1/32 印张：3.25
字数：90千字
定价：25.00元
（凡本版图书出现印刷、装订错误，请向出版社发行部调换）